BEI GRIN MACHT SICH IHR WISSEN BEZAHLT

Bibliografische Information der Deutschen Nationalbibliothek:

Die Deutsche Bibliothek verzeichnet diese Publikation in der Deutschen National-
bibliografie; detaillierte bibliografische Daten sind im Internet über http://dnb.d-
nb.de/ abrufbar.

Impressum:

Copyright © 2016 GRIN Verlag, Open Publishing GmbH
Druck und Bindung: Books on Demand GmbH, Norderstedt Germany
ISBN: 978-3-668-16464-2

Dieses Buch bei GRIN:

http://www.grin.com/de/e-book/316894/rechentechnik-im-zweiten-weltkrieg-am-
beispiel-der-enigma-schluesselmaschine

Magdalena Jung

Rechentechnik im zweiten Weltkrieg am Beispiel der ENIGMA-Schlüsselmaschine

GRIN Verlag

GRIN - Your knowledge has value

Der GRIN Verlag publiziert seit 1998 wissenschaftliche Arbeiten von Studenten, Hochschullehrern und anderen Akademikern als eBook und gedrucktes Buch. Die Verlagswebsite www.grin.com ist die ideale Plattform zur Veröffentlichung von Hausarbeiten, Abschlussarbeiten, wissenschaftlichen Aufsätzen, Dissertationen und Fachbüchern.

Besuchen Sie uns im Internet:

http://www.grin.com/

http://www.facebook.com/grincom

http://www.twitter.com/grin_com

Rechentechnik im zweiten Weltkrieg
am Beispiel der ENIGMA-Schlüsselmaschine

Facharbeit im Fach Mathematik von Magdalena Jung

Klasse 9a

Bearbeitungsraum: 20.10.2015 bis
21.01.2016 Abgabetermin: 22.01.2016

Einstein-Gymnasium Potsdam

Hegelallee 30

14467 Potsdam

Inhaltsverzeichnis

1. EINFÜHRUNG

Die geschützte Übermittlung von Botschaften, ohne dass unbefugte Dritte oder gar Feinde diese lesen konnten, war für Herrscher, Feldherren, Diplomaten und Politiker immer schon von größter Wichtigkeit.

Im zweiten Weltkrieg nutzte das Deutsche Reich zur Führung seiner Truppen eine besondere Chiffriermaschine: die ENIGMA, was aus dem Griechischen übersetzt so viel wie „Rätsel" bedeutet.

Damals galt die ENIGMA-Verschlüsselung in Deutschland als vollkommen sicher. Trotzdem schafften es sowohl die Polen als auch die Briten und Amerikaner, die ENIGMA heimlich zu entschlüsseln. Was wäre wohl passiert, wenn die ENIGMA für immer ein unlösbares Rätsel geblieben wäre?

Ich gliedere meine Arbeit wie folgt: Zunächst beschreibe ich kryptologische Grundlagen. Aufbauend darauf erkläre ich Aufbau und Funktionsweise und hieraus abgeleitete Stärken und Schwächen der ENIGMA. Die folgenden Abschnitte behandeln den geschichtlichen Rahmen der ENIGMA und schließlich ihre Entschlüsselung durch die Alliierten. Dabei beschränke ich mich vor allem auf die Arbeit des polnischen Mathematikers und Offiziers Marian Rejewski, weil er überhaupt erst die Grundlage der weiteren britischen und amerikanischen Erfolge legte.

Zwar liegt der Krieg heute lange zurück, aber die Sicherheit von Verschlüsselungen und gleichzeitig Versuche, sie zu brechen, sind heute im Internet-Zeitalter mit Online-Banking und -Shopping aber auch zur Verteidigung und neuerdings zur Terrorabwehr mindestens ebenso wichtig wie damals. Das zeigt auch die Diskussion um die Enthüllungen des flüchtigen NSA[1]-Mitarbeiters Snowden, die ein Licht auf die Arbeit heutiger Nachrichtendienste auf dem Gebiet der Kommunikationsüberwachung und Kryptoanalyse wirft.

Aufmerksam auf dieses spannende Thema wurde ich erstmals vor einigen Jahren beim Besuch des NATIONAL CRYPTOLOGIC MUSEUM der NSA in Fort Meade, Maryland, wo eine Vielzahl ENIGMA-Maschinen verschiedener Typen ausgestellt sind.

---

[1] NATIONAL SECURITY AGENCY, militärischer Auslandsnachrichtendienst der Vereinigten Staaten von Amerika zuständig für Ver-/ Entschlüsselung sowie für die Überwachung von Telekommunikation und Internetvekehren

2. KRYPTOLOGISCHE GRUNDLAGEN

2.1. Kryptologie und Kryptoanalyse

Das Wort *kryptós* kommt aus dem Griechischen und bedeutet „versteckt", „verborgen" oder „geheim". Die Kryptologie ist die Wissenschaft, welche von der Ver- und Entschlüsselung von Nachrichten handelt. Bei der Kryptoanalyse befasst man sich besonders mit der „Schlüsselfindung" und Informationsgewinnung durch das heimliche Lesen fremder geheimer Nachrichten.

2.2. Modell einer Verschlüsselung

Das Sender-Empfänger-Modell zeigt, wie verschlüsselter Nachrichtenaustausch zwischen einem Sender und einem Empfänger erfolgt.

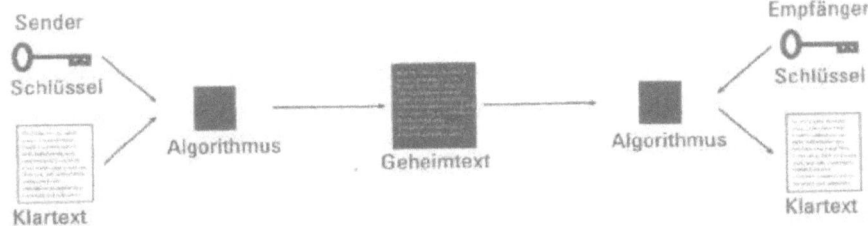

Abbildung 1: Sender-Empfänger-Modell einer Geheimbotschaft (5)

Um den Klartext zu verschlüsseln (Sender) und zu entschlüsseln (Empfänger), verfügen beide über einen gemeinsamen Schlüssel, welcher nur ihnen bekannt ist. Ferner ist zwischen Sender und Empfänger ein Algorithmus vereinbart, d.h. ein Verfahren, quasi ein „Kochrezept", nach dem mit Hilfe des Schlüssels der Klartext in einen verschlüsselten Geheimtext, auch die Chiffre genannt, verwandelt wird. Der Empfänger benutzt den Algorithmus und stellt mittels des Schlüssels aus dem Geheimtext wieder den Klartext her.

Sichere Verschlüsselungsverfahren zeichnen sich dadurch aus, dass der Algorithmus, also die Vorschrift zur Verschlüsselung, durchaus jedermann bekannt sein kann. Die Entschlüsselung gelingt aber nur mit Kenntnis des Schlüssels. Dieser Grundsatz gilt auch heute für kryptologisch sichere Schlüsselverfahren[2]. Ein gutes Beispiel dafür sind im Internet frei erhältliche Verschlüsselungsprogramme wie z.B. das „Open Source" Programm TrueCrypt, dessen Quellcode-Algorithmen für jedermann einsehbar sind.

Auch für die ENIGMA galt, dass Kenntnis über ihren Aufbau (= Algorithmus) oder der Besitz eines ENIGMA-Geräts ohne Kenntnis des Schlüssels weitgehend nutzlos war.

---

2 Dieser Grundsatz der Kryptologie ist bekannt als das „Kerckhoffs'sche Prinzip". Es wurde erstmals 1883 vom Niederländer Auguste Kerckhoffs in seinem Werk „La cryptographie militaire" formuliert. *(14)*

3. BEISPIELE HISTORISCHER SCHLÜSSELVERFAHREN IM VERGLEICH

3.1. Monoalphabetische Substitution

3.1.1. Verschiebungschiffre

Bei der sogenannten Verschiebungschiffre werden die Buchstaben mit nur einem Alphabet umlaufend oder auch „zyklisch" verschlüsselt, indem ein Alphabet einfach gegen ein anderes Alphabet verschoben wird.

Ein Beispiel dafür ist der Caesar-Schlüssel. Das „C" in „Caesar" steht für die Verschiebung des Alphabets um drei Buchstaben. Das bedeutet, aus a wird C, aus b wird D usw. Der Empfänger der Nachricht braucht den Schlüssel dann auch, um einen Klartext zu erhalten.

Klartext	a	b	c	d	e	f	g	h	i	j	...
Chiffre	C	D	E	F	G	H	I	J	K	L	...

3.1.2. Permutation

Unter dem Begriff Permutation (= lateinisch „Verwandlung", „Umwandlung") versteht man die Möglichkeiten, die es bei der Vertauschung der Elemente einer Menge unter Berücksichtigung der Reihenfolge gibt. Ein Beispiel hierfür ist die Permutation eines Alphabets bestehend aus den drei Buchstaben a, b und c:

$$abc, acb, bac, bca, cab, cba$$

Die Anzahl der Permutationen aus einer Menge mit n Elementen unter Berücksichtigung ihrer Reihenfolge beträgt:

$$n*(n-1)*(n-2)*(n-3)*...*1=n!$$

sprich: „n-Fakultät".

Denn für das erste Element bestehen noch n Auswahlmöglichkeiten, anschließend jeweils eine weniger, usw., bis zum Schluss nur noch ein Element übrig ist.

Bleiben bei einer Permutation ein oder mehrere Elemente unvertauscht, also „fest" (lateinisch „fix"), spricht man bei diesen Elementen von „Fixpunkten". Demnach weist obiges Beispiel zwei fixpunktfreie Permutation von abc auf, nämlich:

$$bca, cab$$

3.1.3. Sicherheit der monoalphabetischen Substitution

Die monoalphabetische Substitution ersetzt im Gegensatz zu der Verschiebungschiffre einen Klartextbuchstaben durch einen *beliebigen* Chiffre-Buchstaben.

Da die monoalphabetische Substitution für ein Alphabet mit 26 Buchstaben somit 26! (das sind ungefähr 4 * 10²⁶) Permutationen besitzt, ist sie wesentlich sicherer als z.B. der Caesar-Schlüssel, da dieser ja nur 26 Möglichkeiten zur Verschiebung bietet.

Ein einfaches Ausprobieren bei der monoalphabetischen Substitution wäre also mühsam und würde sehr lange dauern. Trotz der auf den ersten Blick großen Zahl von Möglichkeiten kann man mit genügend Geheimtextvorlagen auch dieses Verfahren „knacken".

3.1.4. Häufigkeitsanalyse: Buchstaben und Binome als Merkmale einer Sprache

Typisches Merkmal einer Sprache ist eine bestimmte Häufigkeit, in der einzelne Buchstaben vorkommen, z.B. in der deutschen Sprache das „e" mit 17,40%. Häufige Binome, d.h. Buchstabenpaare, sind im Deutschen z.B. das „st" und das „en".

Mittels sogenannter Häufigkeitsanalyse kann man einen verschlüsselten Text auf solche Häufigkeiten untersuchen, wenn bekannt ist, in welcher Sprache der Klartext verfasst wurde. Eine monoalphabetische Substitution wird man mit der Häufigkeitsanalyse sehr leicht entschlüsseln.

3.2. Polyalphabetische Substitution

3.2.1. Beispiel: Vigenère-Schlüssel

Der Vigenère[3]-Schlüssel verwendet eine Kombination mehrerer monoalphabetischer Substitutionen mittels eines sogenannten Vigenère-Quadrats (s.u.).

	A	B	C	D	E	F	G	H	I	J	K	L	M	N	O	P	Q	R	S	T	U	V	W	X	Y	Z
L	L	M	N	O	P	Q	R	S	T	U	V	W	X	Y	Z	A	B	C	D	E	F	G	H	I	J	K
U	U	V	W	X	Y	Z	A	B	C	D	E	F	G	H	I	J	K	L	M	N	O	P	Q	R	S	T
T	T	U	V	W	X	Y	Z	A	B	C	D	E	F	G	H	I	J	K	L	M	N	O	P	Q	R	S
E	E	F	G	H	I	J	K	L	M	N	O	P	Q	R	S	T	U	V	W	X	Y	Z	A	B	C	D
T	T	U	V	W	X	Y	Z	A	B	C	D	E	F	G	H	I	J	K	L	M	N	O	P	Q	R	S
I	I	J	K	L	M	N	O	P	Q	R	S	T	U	V	W	X	Y	Z	A	B	C	D	E	F	G	H
A	A	B	C	D	E	F	G	H	I	J	K	L	M	N	O	P	Q	R	S	T	U	V	W	X	Y	Z
L	L	M	N	O	P	Q	R	S	T	U	V	W	X	Y	Z	A	B	C	D	E	F	G	H	I	J	K
U	U	V	W	X	Y	Z	A	B	C	D	E	F	G	H	I	J	K	L	M	N	O	P	Q	R	S	T
T	T	U	V	W	X	Y	Z	A	B	C	D	E	F	G	H	I	J	K	L	M	N	O	P	Q	R	S
E	E	F	G	H	I	J	K	L	M	N	O	P	Q	R	S	T	U	V	W	X	Y	Z	A	B	C	D
T	T	U	V	W	X	Y	Z	A	B	C	D	E	F	G	H	I	J	K	L	M	N	O	P	Q	R	S

GYGM OQDT PBGB

Abbildung 2: Vigenère-Quadrat mit Schlüsselwort "Lutetia" (5)

Beim Verschlüsseln des Klartextes werden unter Zuhilfenahme eines Schlüsselwortes die Alphabete periodisch verschoben. Das Vigenère-Verfahren galt noch bis in das 19. Jahrhundert als sehr sicher

---

3 Das Verfahren ist benannt nach dem französischen Mathematiker Vigenère, der es 1586 vorstellte, es wird aber bereits in früheren Quellen beschrieben.

und praktisch. Geheimhaltung war nur für das Schlüsselwort erforderlich. Es entsprach damit Kerkhoffs' Grundsatz (s.o.).

Nehmen wir an, dass wir wie in Abbildung 2 „*VENI VIDI VICI*" verschlüsseln wollen.

Das Schlüsselwort sei „*LUTETIA*".

Das V ist der 22. Buchstabe im Alphabet, also wird das V zu einem G. Dabei wird das V nach dem Verschiebungsalphabet für L, des ersten Buchstabens des Schlüsselwortes, chiffriert. Den zweiten Buchstabe des Klartextes, das E, verschlüsselt man mit dem Verschiebungsalphabet für U, des zweiten Buchstabens des Schlüsselwortes usw.

Ist das letzte Alphabet des Schlüsselwortes (hier: A) verwendet worden, beginnt man für die weitere Chiffrierung wieder beim ersten Buchstaben des Schlüsselwortes usw., so oft, bis der ganze Klartext verschlüsselt ist.

3.2.2. Sicherheit der polyalphabetischen Substitution

Die polyalphabetische Substitution nach Vigenère kann man nicht mehr einfach mit der Häufigkeitsanalyse lösen. Ihre große Schwäche ist aber der zyklische Charakter, also die Wiederholung der Alphabete in festen Abständen bzw. sogenannten Perioden.

Im 19. Jahrhundert fand Charles Babbage heraus, dass man die Länge l des Schlüsselwortes mit etwas Geschick und mit einem ausreichend langen Geheimtext berechnen kann. Anschließend führt man l-mal eine Häufigkeitsanalyse durch, weil es in dem Algorithmus l Alphabete gibt.

Beispiel Für $l = 6$, d.h. ein Schlüsselwort aus sechs Buchstaben:

Das Schlüsselalphabet nach Vigenère wiederholt sich periodisch nach sechs Buchstaben. Folglich steht fest, dass für einen Geheimtext jeweils der erste und der siebte, der zweite und der achte, der dritte und der neunte Buchstabe usw. mit dem selben Alphabet verschlüsselt werden. Der Codebrecher macht nun Häufigkeitsanalysen für die jeweils zusammengehörigen Geheimbuchstaben.

Mit zunehmender Länge l des Schlüsselwortes erhöht sich die Anzahl der Verschiebungsalphabete, und damit verbessert sich die Sicherheit des Verfahrens. Ein ideales Vigenère-Verfahren müsste somit eine unendliche Periode besitzen, d.h. für

$$l = \infty$$

müsste der Codebrecher unendlich viele Häufigkeitsanalysen machen oder aber so viele, wie der Geheimtext Zeichen hat. Die Häufigkeitsanalyse kann aber nur dann funktionieren, wenn dasselbe Alphabet mehrfach verwendet wird.

Diese Überlegung führte zu Beginn des 20. Jahrhunderts zur Entwicklung verschiedener Rotor-

Chiffriermaschinen und bringt uns zur ENIGMA.

4. DIE ELEKTROMECHANISCHE CHIFFRIERMASCHINE ENIGMA

4.1. Aufbau und Funktionsweise

4.1.1. Überblick

Die ENIGMA ähnelte einer früheren Schreibmaschine. Sie wurde in einem unscheinbaren Holzkasten transportiert und aufbewahrt. Ihre Maße betrugen ca. 34∗28∗15 cm, und sie wog etwa 12 kg.

Die wichtigsten Bestandteile der ENIGMA sind neben den Walzen oder Rotoren die Tastatur und das Lampenfeld zur Anzeige des verschlüsselten Textes. Diese Hauptbestandteile werden miteinander verbunden und bilden einen Stromkreis. Daneben verfügt die ENIGMA noch über ein Steckerfeld mit Steckkontakten für jeden einzelnen ihrer 26 Buchstaben.

Abbildung 3: ENIGMA I (3)

Abbildung 4: Das Markenzeichen der ENIGMA (3)

4.1.2. Walzen / „Rotoren"

Das Herzstück der ENIGMA sind die zunächst drei (später mehr) drehbaren Walzen oder „Rotoren". In jeder Walze wird durch eine bestimmte Verdrahtung, durch die Strom fließt, jeder Buchstabe gegen einen anderen vertauscht.

Außer den „Rotoren" gibt es noch eine sogenannte Eintrittswalze und eine Umkehrwalze, beide sind starr eingebaut. Zwischen diesen beiden liegen die drei drehbaren Walzen.

Alle Walzen sind über elektrische Schleifkontakte untereinander verbunden. Die drei Rotoren drehen sich ähnlich wie bei einem Kilometerzähler[4] unterschiedlich schnell und häufig: Der sogenannte „schnelle Rotor" dreht sich mit jedem Tastendruck auf dem Bedienfeld um eine Position. Nach einer vollen Umdrehung des schnellen Rotors dreht sich der mittlere Rotor um eine Position. Und schließlich, nach einer ganzen Umdrehung des mittleren Rotors, dreht sich auch die letzte Walze, auch „innerer Rotor" genannt, einen Schritt weiter.

---

4 Vergleichbar mit den Einer-, Zehner-, Tausender-, Zehntausender-Rädern eines mechanischen Kilometerzählers

Da sich mit jedem Tastendruck auf dem Bedienfeld mindestens ein Rotor relativ zu den übrigen dreht, verändert sich ständig die Lage der Schleifkontakte zueinander, somit nimmt der elektrische Strom mit jedem Tastendruck einen anderen Weg, und die Buchstaben werden ständig anders verschlüsselt.

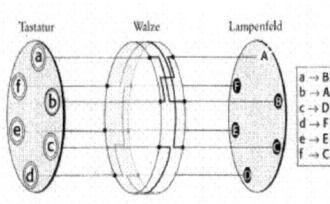

Abbildung 5: Vereinfachte Darstellung der Chiffriermaschine ENIGMA mit einem nur aus sechs Buchstaben bestehenden Alphabet (2)

Mit anderen Worten: Jeder Buchstabe wird bei Tastendruck nach einem anderen Alphabet verschlüsselt als der vorhergehende Buchstabe. Somit liegt eine polyphabetische Verschlüsselung vor, jedoch ohne wiederkehrende Periode, wie es beim Vigenère-Verfahren der Fall ist. Abbildung 5 verdeutlicht die Verdrahtung eines Rotors und den Weg des elektrischen Stroms von Tastatur (Klartext) über Walze (Algorithmus) zum Lampenfeld (Geheimtext).

4.1.3. Umkehrwalze / „Reflektor"

Der sogenannte „Reflektor" ist erst ab 1926 als vierte Walze dazugekommen. Aufgrund einer weiteren Verdrahtung innerhalb des häufig auch als Umkehrwalze (UKW) bezeichneten Reflektors fließt der Strom wieder zurück durch die Rotoren und zum Lampenfeld. Der Einsatz des Reflektors ermöglicht, dass mit unveränderten Einstellungen die ENIGMA gleichermaßen zum Entschlüsseln und Verschlüsseln verwendet werden kann, was sehr praktisch ist. Kryptologisch liegt hierin aber ein großer Schwachpunkt, wie ich später beschreiben werde.

4.1.4. Ringstellung

Zusätzlich verfügte jeder Rotor über einen aufgesetzten Ring, auf dem das Alphabet oder Ziffern von 1 bis 26 aufgedruckt waren. Durch Verdrehen des Rings auf der Walze konnte die Walzenstellung zusätzlich verschleiert werden, um vom eingestellten Alphabet abzulenken.

4.1.5. Steckbrett

Auf der Vorderseite der ENIGMA befindet sich das Steckbrett. Es verfügt über 26 Dipol-Steckkontakte, die jeweils genau einem der 26 Buchstaben des Alphabets zugeordnet sind. Mittels eines Kabels können wie in Abbildung 8 gezeigt je zwei Buchstaben verbunden und somit gegeneinander vertauscht werden.

Abbildung 6: Steckerkabel der ENIGMA für
Einsatz am Steckerbrett (6)

Eigentlich könnte man also bis zu 13 Steckerkabel setzen. Tatsächlich wurden nicht mehr als zehn Kabel verwendet.

Abbildung 7: Das Steckerbrett an der Vorderseite der Enigma mit 26
Dipolanschlüssen, ein Anschluss je Buchstabe (6)

Die nachfolgende Skizze veranschaulicht den Aufbau der Enigma und das Zusammenwirken ihrer wesentlichen Bestandteile:

Batterie (1), Tastatur (2), Steckerbrett (3, 7) mit Steckkabel (8), Walzensatz (5) mit Eintrittswalze (4) und Umkehrwalze (6) sowie Lampenfeld (9).

Zu erkennen ist die Verschlüsselung des Klartextbuchstabens **A** in den Geheimschriftbuchstaben **D**: Der Schlüsseler tastet auf der Tastatur (2) den Buchstaben **A**. Über Eintrittswalze (4), fließt der Strom durch die drei Rotoren (5) und tritt ein in die Umkehrwalze (6). Über die Verdrahtung der Umkehrwalze wird der Strom zurück gelenkt ("reflektiert") in die Rotoren (5), die er nun auf einem anderen Weg als beim Eintritt durchläuft. Schließlich erreicht der Strom den Steckkontakt (7) des Buchstabens **S** auf dem Steckerbrett. Da zwischen **S** und **D** ein Kabel gesetzt ist, fließt der Strom weiter zum Kontakt **D** (= Vertauschung der Buchstaben **S** und **D**) und bringt schließlich die Glühlampe **D** des Lampenfelds zum Leuchten .

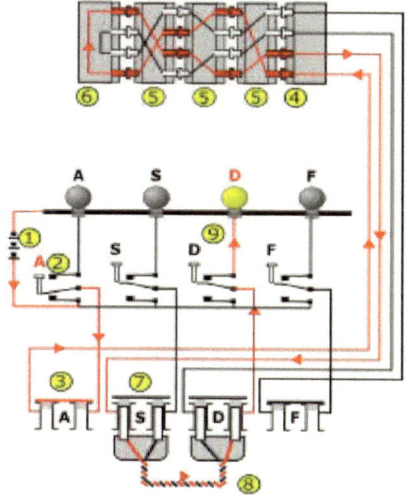

*Abbildung 8: Aufbau der Enigma und
Zusammenwirken ihrer wesentlichen
Komponenten (9)*

4.2. Typen der ENIGMA im Überblick

Die erste ENIGMA, welche verkauft wurde, war die ENIGMA A. Sie wurde wegen ihrer Unhand-lichkeit schon 1924 gegen die ENIGMA B ausgetauscht. Diese bestand aus   2 ∗ 4   einstellbaren Rotoren. Weitere Modelle folgten:

Modell	Jahr	Walzen	Lagen	Umkehrwalzen (UKW)
Enigma I	1930	3 aus 3 (5)	6 (60)	1 (3) fest
Enigma A	1923	4	1	keine
Enigma B	1924	2 mal 4	1	keine
Enigma C	1926	3	1	1 fest
Enigma D	1927	3	1	1 setzbar
Enigma G	1936	3 aus 3	6	1 rotiert
Enigma H	1929	8	1	1 fest
Enigma K	1938	3 aus 3	6	1 fest
Enigma M1	1934	3 aus 6	120	1 fest
Enigma M2	1938	3 aus 7	210	1 fest
Enigma M3	1939	3 aus 8	336	1 fest
Enigma M4	1942	4 aus 8+2	1344	2 setzbar
Enigma T	1942	3 aus 8	336	1 setzbar
Enigma Z	1931	3 aus 3	6	1 rotiert

Quelle: (8)

Die kryptologisch stärkste und lange Zeit unentschlüsselte Variante der ENIGMA war – besonders aufgrund ihrer zusätzlichen vierten Walze (und der großen Anzahl insgesamt verfügbarer Walzen) – der Typ M4, welcher ausschließlich in der Kommunikation des Befehlshabers der Unterseeboote mit den im Atlantik operierenden U-Booten der Kriegsmarine verwendet wurde. Die Typen T und Z waren „Exoten": Typ T sollte zur geheimen Kommunikation mit dem Verbündeten Japan dienen. Ein Exemplar des Typs Z wurde an Spanien geliefert.

Abbildung 9: ENIGMA M4 der U-Boote,
zu erkennen die vier Rotoren (7)

4.3. Der Schlüsselraum der ENIGMA

Unter dem Schlüsselraum versteht man die Gesamtanzahl der Möglichkeiten zur Verschlüsselung und Entschlüsselung mit Hilfe der ENIGMA. Mit anderen Worten und bezogen auf die ENIGMA-Maschine: Wie viele verschiedene Alphabete gibt es zur Verschlüsselung? Da die Ver- und Entschlüsselung von der Anfangseinstellung der Maschine abhängt, lautet die Frage nach dem Schlüsselraum letztendlich: Wie viele dieser Anfangsstellungen gibt es?

Die Grundeinstellung der ENIGMA-Maschine bestimmen folgende Parameter:

    a) Walzenlage

    b) Walzenstellung

    c) Ringstellung

    d) Steckbrett

Die weiteren Überlegungen beziehen sich aus Gründen der Einfachheit auf den ENIGMA-Typ I mit folgenden Parametern:

    - Gesamtzahl der Walzen fünf, von diesen werden je drei Walzen eingesetzt

    - eine Umkehrwalze

    - 26 Ringstellungen je Walze

    - Gebrauch von 6 Steckerkabeln

a) Walzenlage

Dem ENIGMA- Bediener stehen fünf Walzen (I – V) zur Verfügung, von denen er je eine in die Walzenbetten eins bis drei einbaute. Das bedeutet, für die Bestückung des linken Walzenbettes stehen fünf Walzen zur Verfügung. Für Einbau in das mittlere Walzenbett bleiben noch vier Walzen übrig und für das rechte noch drei. Folglich erhält man aus der Walzenlage

5 * 4 * 3 = 60 Möglichkeiten

b) Walzenstellung

Die ENIGMA-Walzen arbeiten mit 26 Buchstaben. Somit ergeben sich für jede einzelne Walze 26 mögliche Stellungen. Für alle drei eingebauten Walzen ergibt dies:

$26 * 26 * 26 = 26^3 = 17.576$ Möglichkeiten

c) Ringstellung

Um die Buchstabeneinstellung zu tarnen, verfügt jede einzelne Walze über einen Ring mit den Zahlen 1-26. Zahlenring und Buchstabenring können gegeneinander verschoben werden, auch hierfür gibt es 26 Einstellung je Walze. Für alle drei eingebauten Walzen ergibt dies wiederum:

$26 * 26 * 26 = 26^3 = 17.576$ Möglichkeiten

d) Steckbrett

Für das Steckbrett mit seinen 26 Buchstaben/Steckkontakten untersuche ich im folgenden wie viele Möglichkeiten bei Verwendung von insgesamt sechs Kabeln es gibt, je zwei Buchstaben paarweise zu verbinden und damit gegeneinander auszutauschen.

Beispiel: AF
PK
SG
BT
EH

Für die Verwendung des ersten Steckerkabels, stehen für dessen ersten Stecker noch 26 Kontakte zur Verfügung. Für das Setzen des zweiten Steckers des ersten Kabels verbleiben danach lediglich 25 freie Kontakte zur Auswahl. Mit anderen Worten, wir erhalten für das Setzen des ersten Steckerkabels zunächst

26 * 25 Möglichkeiten.

Anhand des Beispiels zur Vertauschung von A und F und F und A wird deutlich, dass diese beiden Varianten kryptologisch die selbe Wirkung haben. Mit anderen Worten, was zunächst wie zwei Varianten scheint, liefert für die Funktion der ENIGMA, das heißt kryptologisch wirksam, aber bloß *eine* Möglichkeit. Daher vermindert sich die Anzahl der sinnvollen Möglichkeiten pro Kabel um die Hälfte. Folglich erhält man kryptologisch wirksam für das erste Kabel zur Bildung von Buchstabenpaaren oder Vertauschung:

$$\frac{26*25}{2} \textbf{ Möglichkeiten}$$

Nach Setzen des ersten Steckerkabels verbleiben folglich für den ersten Stecker des zweiten Kabels nur noch 24 freie Steckkontakte und für den zweiten Stecker nur noch 23 freie Plätze. Somit erhält man für das zweite Kabel:

$$\frac{24*23}{2} \textbf{ Möglichkeiten}$$

Dies setzt man bis zum sechsten Kabel fort.

Dabei spielt die Anordnung bzw. Reihenfolge der Steckerkabel ja keine Rolle, weil die Kabel technisch alle genau gleich sind. Deswegen vermindert sich die Gesamtzahl der möglichen Steckerkabelanordnungen um den Faktor 6!. Denn es gibt zur Anordnung der sechs Kabel 6! Möglichkeiten: und zwar sechs Möglichkeiten für das erste Kabel, fünf Möglichkeiten für das fünfte Kabel, vier Möglichkeiten für das vierte Kabel usw. mit anderen Worten:

$$6 * 5 * 4 * 3 * 2 * 1 = 6!$$

Somit erhält man für die Gesamtzahl von sechs Buchstabenpaaren auf einem Steckbrett mit 26 Buchstaben folgenden Ausdruck:

$$\frac{1}{6!} * \frac{(26*25)}{2} * \frac{(24*23)}{2} * \frac{(22*21)}{2} * \frac{(20*19)}{2} * \frac{(18*17)}{2} * \frac{(16*15)}{2} =$$

$$= \frac{26!}{6!*2^6*(26-2*6)!}$$

Für eine beliebige Anzahl von Steckerkabeln *n* (es gilt: $0 \leq n \leq 13$) erhält man demnach folgenden Ausdruck:

$$f(n) = \frac{26!}{n!*2^n*(26-2*n)!}$$

Mit *f(n)* können wir durch Einsetzen von ganzen Zahlen von null bis dreizehn berechnen, wie viele mögliche Alphabete man bei einer vorgegebenen Anzahl von Steckerkabeln erhält. Es zeigt sich, dass *n* = 11 die meisten Möglichkeiten und damit die höchste Sicherheit erzielen würde. Tatsächlich wurde im Kriegsverlauf mit *n* = 10 Steckerkabeln gearbeitet. Es ist übrigens interessant, dass die Zahl der Möglichkeiten für *n* = 12 bzw. *n* = 13 abnimmt.

$$f(n=6) = 100.391.791.500 \text{ Möglichkeiten}$$
$$f(n=10) = 150.738.274.937.250 \text{ "}$$
$$f(n=11) = 205.552.193.096.250 \text{ "}$$
$$f(n=12) = 102.776.096.548.125 \text{ "}$$
$$f(n=13) = 7.905.853.580.625 \text{ "}$$

Quelle: (3)

Ausgehend von den mit a) bis d) beschriebenen Grundeinstellungen der ENIGMA ergibt sich die Gesamtzahl der möglichen Anfangseinstellungen für sechs Kabel aus dem Produkt der einzelnen Möglichkeiten unter a) bis d). Das sind also

$$60 * 17.576 * 100.391.791.500 \approx 1{,}861 * 10^{21} \text{ Möglichkeiten}$$

4.3.1. Kryptologische Stärken

Die wesentliche kryptologische Stärke der ENIGMA besteht in der polyalphabetischen Verschlüsselung mit nahezu unendlicher Periode. Das bedeutet, während einer Nachricht wird ein und dasselbe Verschlüsselungsalphabet niemals mehrfach verwendet. Eine Häufigkeitsanalyse kann daher nicht erfolgreich angewendet werden. Somit wurde die wesentliche Schwäche des Vigenère-Verfahrens wirksam behoben (vgl. 3.2.2.).

Außerdem liefert das Steckbrett eine unvorstellbar große Zahl von Alphabeten. Dem gegenüber ergeben Walzenlage und Walzenstellung zwar „nur"

$$60 * 17576 = 1.054.560 \text{ Möglichkeiten,}$$

aber der Einsatz der rotierenden Walzen stellt sicher, dass nach der Verschlüsselung jedes einzelnen Buchstabens sofort das Verschlüsselungsalphabet wechselt. Weder mit heutigen und schon gar nicht mit den damals verfügbaren Rechentechniken konnte eine derart große Anzahl von Schlüsseln einzig durch bloßes Ausprobieren gelöst werden (sogenannter „brute force attack").

Die Stärke der ENIGMA besteht also in der Kombination der Vorteile der rotierenden Walzen, die eine periodische Verschlüsselung verhindern, mit den Stärken des Steckerbretts, welches durch Buchstabenvertauschungen einen zahlenmäßig sehr großen Schlüsselraum bewirkt.

4.3.2. Kryptologische Schwächen

Eine schwere kryptologische Schwäche der ENIGMA folgt aus der Umkehrwalze. Zwar bewirkt die Umkehrwalze auch, dass mit der ENIGMA gleichermaßen verschlüsselt wie entschlüsselt werden kann, was im Einsatz sehr praktisch ist. Das bedeutet, z.B. wird **a** zu **D** verschlüsselt. Der Verschlüsseler kann bei selber Einstellung aber **D** tasten und erhält damit wieder **a**. Diese Eigenschaft der (Buchstaben-)vertauschung bezeichnet man als „involutorisch".

Der Umstand, dass der elektrische Strom vom Reflektor wieder zurück durch die Rotoren geschickt wird, was als zusätzliche weitere Verschlüsselung gedacht war, bewirkt aber letztlich auch, dass kein Buchstabe jemals mit sich selbst verschlüsselt wird. Da eine Verschlüsselung z.b. von **A** durch **A** natürlich auf den ersten Blick unsinnig erscheint, wirkt dies zunächst günstig. Es liegt aber somit immer zwangsläufig ein fixpunktfreies Alphabet vor (vgl. 3.1.2.).

Mit Blick auf die möglichen Buchstabenvertauschungen, also die Permutationen (s.o.), bedeutet eine involutorische *und* fixpunktfreie Chiffre aber auch eine sehr starke Verringerung der zur Auswahl stehenden Alphabete, wie das Beispiel eines vereinfachten Alphabets aus den vier Buchstaben **A, B, C, D** und die hieraus möglichen 4! = 24 Permutationen zeigen.

Die Streichung der Permutationen mit einem oder mehreren Fixpunkten bewirkt:

~~ABCD~~	~~ABDC~~	~~ACBD~~	~~ACDB~~	~~ADBC~~	~~ADCB~~
~~BACD~~	BADC	BCDA	~~BCAD~~	BDAC	~~BDCA~~
~~CBAD~~	~~CBDA~~	~~CABD~~	CADB	CDAB	CDBA
~~DBCA~~	~~DBAC~~	DCAB	DCBA	DABC	~~DACB~~

Entfernen wir im nächsten Schritt jetzt auch noch solche Permutationen, welche nicht involutorisch sind, verbleiben:

~~ABCD~~	~~ABDC~~	~~ACBD~~	~~ACDB~~	~~ADBC~~	~~ADCB~~
~~BACD~~	BADC	~~BCDA~~	~~BCAD~~	~~BDAC~~	~~BDCA~~
~~CBAD~~	~~CBDA~~	~~CABD~~	~~CADB~~	CDAB	~~CDBA~~
~~DBCA~~	~~DBAC~~	~~DCAB~~	DCBA	~~DABC~~	~~DACB~~

Von den ursprünglich 24 Permutationen bleiben also nur drei Permutationen übrig, welche die Bedingungen erfüllen, fixpunktfrei *und* involutorisch zu sein.

Bezogen auf den Zeichensatz der ENIGMA mit 26 Buchstaben hat dies eine Verringerung des Schlüsselraums in der Größenordnung mehrerer Zehnerpotenzen zur Folge.

Der Umstand, dass es aufgrund der Konstruktion der ENIGMA ausgeschlossen war, dass ein Buchstabe jemals mit sich selbst verschlüsselt wurde, bot den Kryptoanalytikern die Chance, nach sogenannten „negativ-Mustern" zu suchen, was beim Auffinden sogenannter „Cribs" eine große

Erleichterung war; denn sie konnten nun die Chiffre solange gegen den Crib, also ein vermutetes Klartextstück, verschieben, bis kein Buchstabe zwischen Klartext und Geheimtext identisch war. Das führte zwar nicht automatisch zu einem „Treffer", es war aber ein erster wichtiger Ansatzpunkt.

Auch bestimmte deutsche Vorschriften zum Umgang mit der ENIGMA sowie zum Erstellen der Tagesschlüssel wirkten sich, obwohl gut gemeint, eher negativ aus, weil sie den Schlüsselraum weiter begrenzten, z.B. war es verboten, dass eine Walze an aufeinanderfolgenden Tagen an der selben Stelle eingesetzt war. Folglich brauchten die Kryptoanalytikern am Folgetag bei der Suche nach dem neuen Tagesschlüssel diese Walzenlage gar nicht erst zu untersuchen. Auf weitere systematische Fehler sowie Bedienfehler gehe ich nicht ein.

5. GESCHICHTLICHER HINTERGRUND

Die Entscheidung über Einführung der ENIGMA in Deutschland fiel in den 1920er Jahren vor dem Hintergrund verschiedener Fehlschläge deutscher Verschlüsselung während des ersten Weltkrieges.

5.1. „Die kryptologische Katastrophe des ersten Weltkrieges" und deutsche Überlegungen in der Nachkriegszeit

Während des ersten Weltkriegs von 1914 bis 1918 verhängte die britische Royal Navy eine Seeblockade gegen die deutschen Nord- und Ostseeküsten, und schnitt das Deutsche Reich somit von dringend benötigten Versorgungsgütern ab.

Deutschland seinerseits versuchte, durch Einsatz von Unterseebooten in Nordsee und Atlantik England von kriegswichtigen Gütern und Verstärkungen aus seinen Kolonien aber auch aus den Vereinigten Staaten von Amerika abzuschneiden.

Für die bis dahin neutralen USA bedeutete dies eine Einschränkung der Freiheit der Seewege und des Handels. Besonderes Aufsehen erregte 1915 die Versenkung des amerikanischen Ozeankreuzers *Lusitania* durch ein deutsches U-Boot, wobei 1.198 Passagiere starben, darunter auch 128 amerikanische Bürger. Aufgrund der öffentlichen Empörung standen die USA nun kurz davor, auf Seiten der Gegner des Deutschen Reiches in den Krieg einzutreten.

Ein Kriegseintritt der USA hätte zwangsläufig zu einer für das Deutsche Reich und seine Verbündeten sehr gefährlichen Verschiebung der Kräfteverhältnisse an der Westfront geführt und musste daher aus deutscher Sicht so lange wie möglich verhindert werden. Durch Zugeständnisse hinsichtlich einer Beschränkung des U-Bootkrieges gelang dies zunächst noch.

Als sich der Krieg jedoch immer länger hinzog, entschloss sich das Deutsche Reich schließlich unter Einfluss der Obersten Heeresleitung um Hindenburg und Ludendorff ab Februar 1917 zur Aufnahme des uneingeschränkten U-Bootkrieges, um so doch noch den Sieg zu erringen. Man hoffte, mittels einer Flotte von ca. 200 U-Booten den britischen Nachschub entscheidend zu stören und den Gegner so innerhalb von sechs Monaten zur Kapitulation zu bringen.

Allerdings rechnete man als Folge dieses Vorgehens fest mit dem Kriegseintritt der USA. Wenn dieser nun schon unvermeidlich war, so überlegte man in Berlin, wie zumindest verhindert werden konnte, dass starke amerikanische Kräfte sich auf dem europäischen Kriegsschauplatz auswirken. Es entstand der Plan, Mexiko, welches im Mexikanisch-Amerikanischen Krieg (1846 – 1848) weite Teile seines Staatsgebiets an die USA eingebüßt hatte, zum Kriegseintritt gegen die Vereinigten Staaten zu bewegen und zwar mit der Aussicht auf Rückeroberung seiner verlorenen Territorien[5]. Im Ergebnis, so die Überlegung der deutschen Regierung, hätte dieses Bündnis mit Mexiko dazu beitragen können, dass tatsächlich viele amerikanische Truppen im Kampf gegen Mexiko gebunden worden wären.

Der Staatssekretär im Auswärtigen Amt Arthur Zimmermann übermittelte diesen politisch hochbrisanten Plan mittels eines verschlüsselten Telegramms, welches später als „Zimmermann-Depesche" bekannt wurde, zunächst an den deutschen Botschafter in Washington. Von hier ging es weiter an den deutschen Gesandten in Mexiko-Stadt mit dem Auftrag, mit der mexikanischen Regierung entsprechende Geheimverhandlungen aufzunehmen.

Da die für den Telegraphenverkehr erforderlichen Unterwasserkabel zwischen Europa und Amerika nahe der britischen Küste verliefen, las die britische Aufklärung grundsätzlich den gesamten Telegrammverkehr über diese Kabel mit – mit dem Ziel, kriegswichtige Informationen zu erlangen. Die deutschen Unterwasserkabel hatten die Briten unmittelbar zu Kriegsausbruch gekappt.

Die Zimmermann-Depesche wurde aufgrund dessen gleich abgefangen. Die britischen Entschlüsselungsexperten im „Room Fourty"[6] der Admiralität bemerkten rasch, dass es sich um eine Verschlüsselung handelte, die nur von höchsten diplomatischen Stellen verwendet wurde. Die Dechiffrierung der Nachricht gelang dennoch rasch. *(2)*

Die Briten unterrichteten insgeheim die USA über den Inhalt der Zimmermann-Depesche, später wurde es in der Presse veröffentlicht. Es herrschte nun kein Zweifel in Amerika, dass Deutschland gemeinsam mit Mexiko einen heimtückischen Angriff auf die USA vorbereitet habe.

Der kryptologische Erfolg der Entschlüsselung der Zimmermann-Depesche trug dann schließlich dazu bei, dass die USA im April 1917 in den Krieg eintraten.

Der britischen Seite gelang es außerdem, durch geschickte Täuschungsmaßnahmen den Anschein zu

---

5 u.a. die heutigen Bundesstaaten Texas, New Mexico, Colorado, Utah, Kalifornien, Arizona
6 So lautete die Tarnbezeichnung der britischen Kryptoanalytiker benannt nach ihrer Raumnummer innerhalb des Gebäudes der Admiralität

erwecken, der Inhalt der Zimmermann-Depesche sei nicht durch Dechiffrierung sondern als Ergebnis eines Geheimnisverrats bekannt geworden. Man tat so, als sei die Depesche in Mexiko „in falsche Hände geraten". Somit ahnten die Deutschen nicht, dass ihre Verschlüsselung nicht sicher war. Zu diesem Ergebnis gelangte jedenfalls eine amtliche deutsche Untersuchung zunächst, die klären sollte, wie es zu diesem Zwischenfall mit seinen für Deutschland katastrophalen Auswirkungen hatte kommen können.

Neben der folgenschweren Panne der Zimmermann-Depesche von 1917 waren die Briten ohne deutsche Kenntnis schon unmittelbar nach Kriegsausbruch in den Besitz der Schlüsselbücher der Kaiserlichen Flotte gelangt, als im September 1914 das deutsche Kriegsschiff SMS Magdeburg in der Ostsee auf Grund lief. Die Schlüsselbücher, die eigentlich in so einem Fall zu vernichten waren, um zu verhindern, dass sie dem Feind in die Hände fallen, wurden heimlich von der russischen Marine geborgen. Die Russen übergaben das Material an die mit ihnen verbündeten Briten. Als Folge hieraus konnte die Royal Navy bis Kriegsende den gesamten Funkverkehr der deutschen Flotte entschlüsseln.

Diese wichtigen Entschlüsselungserfolge wurden erst einige Jahre nach dem für Deutschland verlorenen Weltkrieg durch britische Veröffentlichungen[7] bekannt.

Als Konsequenz suchte die Reichswehr in der Nachkriegszeit nach Wegen, wie derartige Fehlschläge durch Einsatz starker Verschlüsselungstechnik künftig wirksam verhindert werden könnten. Die erst kürzlich von Arthur Scherbius in Deutschland zum Patent angemeldete Rotor-Chiffriermaschine ENIGMA schien hierfür eine geeignete Lösung darzustellen.

5.2. Arthur Scherbius´ Patent vom Februar 1918

Am 30. Februar 1918 kam mit der Patentanmeldung durch Dr.-Ing. Arthur Scherbius eine Chiffriermaschine mit rotierenden Walzen auf den deutschen Markt.

Interessant ist, dass diese erste ENIGMA noch keine Umkehrwalze besaß wie die späteren Modelle ab 1926.

---

7 Winston Chuchill: „The World Crisis", 1923 sowie Julian Corbett: „History of the Great War Based on Official Documents by Direction of the Committee of Imperial Defence", darin die Bände I-III zu „Naval Operations", 1920-1923 (2)

- 22 -

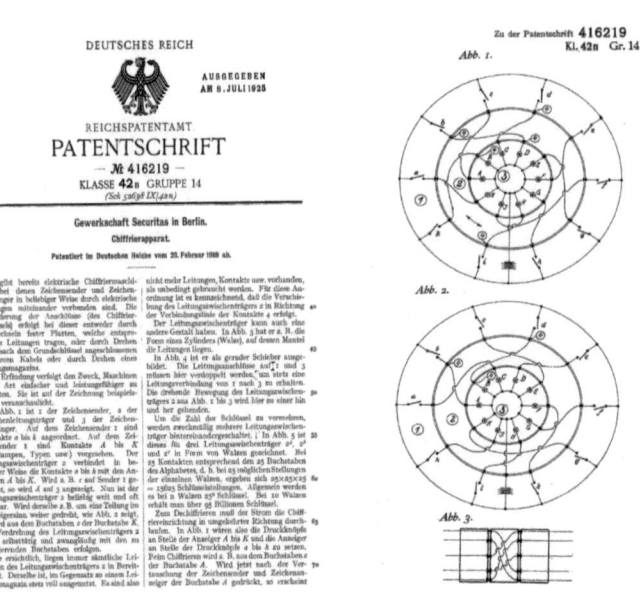

*Abbildung 10: Auszüge der Patentschrift
für Scherbius' Erfindung; rechts
Erläuterung der Walzenverdrahtung (10)*

5.3. Zeitgenössische Entwicklungen ähnlicher Rotor-Chiffriermaschinen

Neben Scherbius hatten ungefähr zur selben Zeit und wahrscheinlich weitgehend unabhängig voneinander Erfinder in mehreren anderen Ländern ähnliche Entwürfe für Rotor-Chiffriermaschinen auf der Grundlage drehbarer Walzen entwickelt.

Bereits 1915 hatten die beiden niederländischen Marineoffiziere Theo A. van Hengel und R.P.C. Spengler eine ganz ähnliche Idee, allerdings wurde ihnen die Patentanmeldung in den Niederlanden untersagt. Vergleichbare Patentanmeldungen folgten u.a. durch den US-Amerikaner Edward Hugh Hebern, den Niederländer Hugo Koch sowie den Schweden Arvid Damm.

5.4. Einführung der ENIGMA im Deutschen Reich

Nach Einführung der ENIGMA im Deutschen Reich ab 1926 wurde sie zunächst zur Führung des Heeres der Reichswehr benutzt. Aber auch verschiedene zivile Behörden des Reiches (z.B. Bahn, Polizei) führten unterschiedliche Modelle der ENIGMA ein (vgl. 4.2.).

5.5. Bedeutung der ENIGMA im zweiten Weltkrieg

5.5.1. Auf deutscher Seite

Das Oberkommando der Wehrmacht sowie alle Teilstreitkräfte daneben weitere Behörden setzten Varianten der ENIGMA zur sicheren Datenübermittlung, also für Übertragung von Befehlen und Meldungen, ein. Dabei wurden sowohl das verwendete Gerät wie auch die Einsatzverfahren im Kriegsverlauf beständig weiterentwickelt, um ein größtmögliches Maß an Sicherheit zu erzielen. Als komplexester und sicherster Typ galt die ENIGMA M4 der Kriegsmarine, u.a. aufgrund zusätzlicher Walzen (vgl. 4.2.).

Während des gesamten Krieges nahm die Wehrmacht fälschlich an, dass ein Einbruch in die ENIGMA-Verschlüsselung unmöglich sei. Man fühlte sich somit entsprechend „sicher" - eine trügerische Sicherheit, wie sich zeigen sollte.

5.5.2. „Operation ULTRA" - Auswirkung der ENIGMA-Entschlüsselung auf den Kriegsverlauf

Von 1940 bis 1941, während des Höhepunktes deutscher Erfolge im U-Boot Krieg, erlitten alliierte Schiffstransporte im Nordatlantik schwere Verluste. Ab 1942 wurde die alliierte U-Bootabwehr zunehmend wirksamer. Neben veränderten Einsatzgrundsätzen wie dem sogenannten „Geleitzug"-System und neuartiger Funkpeilortung[8], die Flugzeugen die Aufspürung und damit Bekämpfung der U-Boote auch bei eingeschränkter Sicht ermöglichte, gelangen Briten und Amerikanern und große Erfolge bei der Entschlüsselung der ENIGMA. Das Mitlesen der deutschen Funksprüche im Klartext ermöglichte wiederum, alliierte Geleitzüge um die nach „Rudel-Taktik" in Gruppen operierenden deutschen U-Boote herumzuleiten, oder aber Flugzeuge und Schiffe zur U-Bootjagd gezielt heranzuführen. Vereinzelt gelang es, von sinkenden deutschen U-Booten Schlüsselbücher aber auch ganze ENIGMA-Geräte oder Komponenten davon (v.a. Walzen) zu erbeuten, was den Kryptoanalytikern ihrer Arbeit sehr erleichterte. Die Arbeiten zur ENIGMA-Entschlüsselung erfolgten unter strengster Geheimhaltung unter der Tarnbezeichnung „ULTRA".

ULTRA trug jedoch nicht nur zur Wende im Seekrieg bei. Auch bei vielen anderen Unternehmen des zweiten Weltkriegs, vor allem bei der Landung in der Normandie im Juni 1944, profitierten die Alliierten bei ihren Planungen sehr davon, aus Operation ULTRA zuverlässig Informationen z.B. über Auftrag, Absicht, Stärke, Standorte usw. deutscher Truppen zu erhalten.

Im Ergebnis war ULTRA zwar wohl alleine nicht kriegsentscheidend; denn angesichts deutlicher zahlenmäßiger und materieller alliierter Überlegenheit wäre die Niederlage der deutschen Wehrmacht auch ohne Entschlüsselung der ENIGMA vielleicht nur eine Frage der Zeit gewesen.

---

8 Vorläufer des RADARs, welches damals erfunden wurde (Radio Detection and Ranging).

Historiker schätzen aber, dass die Erfolge der ENIGMA-Entschlüsselung den Krieg in Europa um zwei bis vier Jahre verkürzt haben. ULTRA rettete damit zehntausenden oder mehr alliierten und deutschen Soldaten aber auch Zivilisten einschließlich der Gefangenen in deutschen Vernichtungslagern das Leben. Allein der Umstand, dass das Deutsche Reich bereits im Mai 1945 kapitulierte – und nicht wie das mit ihm verbündete Kaiserreich Japan erst im August, nach Bombardierung Nagasakis und Hiroshimas mit Atombomben – muss als glückliche Folge aus Operation ULTRA gelten, vor allem für uns Deutsche. Uns blieb damit ein Atomwaffeneinsatz erspart.

Den „Preis" hierfür zahlten auf deutscher Seite die U-Bootbesatzungen: Von den rund 40.000 deutschen U-Bootsoldaten überlebten ¾ den Krieg nicht.

6. Die „Code-Knacker" - Alliierte Erfolge gegen ENIGMA

6.1. Polen: Marian Rejewski

Polen ging in der Neuzeit nach zweihundertjähriger Aufteilung unter Preußen, Russland und Österreich erst als Ergebnis des Versailler Friedensvertrags und als Folge des ersten Weltkriegs als selbständiger Staat hervor.

Die politischen Beziehungen des „neuen" Polens zu seinen Nachbarstaaten blieben infolge verschiedener Grenzkonflikte lange sehr angespannt, so kam es z.B. schon 1920 zum polnisch-sowjetischen Krieg, in dessen Verlauf die Rote Armee bis Warschau vordrang. Auch das Verhältnis Polens zum Deutschen Reich war während der Weimarer Republik schwer belastet, u.a. weil Deutschland die im Vertrag von Versailles erzwungene neue Ostgrenze nicht anerkannte, aber auch wegen der restriktiven Politik der Republik Polen gegen die deutschstämmige Minderheit im Land, die viele Deutsche zur Auswanderung aus Polen bewegte.

Vor diesem Hintergrund schloss man in Polen früher oder später einen Krieg mit Deutschland aber auch mit der Sowjetunion nicht aus. Aufgrund dieser Sorge, und um im Kriegsfall feindliche Absichten frühzeitig zu erkennen, unternahmen die polnischen Kryptoanalytiker des militärischen Dechiffrierdienstes, dem Biuro Szyfrów, in den 1920er und 1930er Jahren besondere Anstrengungen zur Entschlüsselung deutscher und russischer Funkverkehre – zu einer Zeit, als Franzosen und Briten ihre kryptologischen Bemühungen weitgehend einstellten, die man nun für überflüssig hielt, der Krieg war ja schließlich vorüber und Deutschland besiegt!

Spätestens mit Einführung der ENIGMA in Deutschland ab 1926 verloren alle ausländische Dechiffrierer, zunächst auch die Polen, die Fähigkeit, deutsche Funksprüche entschlüsseln zu können.

Marian Rejewski, geboren 1905 in Bromberg, polnischer Offizier und Mathematiker, interessierte sich schon früh für Kryptologie. Er diente daher als Kryptoanalytiker im BIURO SZYFRÓW und leistete bereits vor Ausbruch des zweiten Weltkriegs wesentliche Vorarbeit für die ENIGMA-Entschlüsselung. Seine Forschung trug maßgeblich zu den späteren Entschlüsselungserfolgen britischer und auch amerikanischer Analytiker bei.

Rejewski nutzte anfangs vor allem den Umstand aus, dass die Deutschen während der 1930er Jahre den dreibuchstabigen Spruchschlüssel zu Beginn eines jeden Funkspruches zweimal tasteten (insgesamt 2 x 3, also sechs Buchstaben).

Später erkannten die Deutschen diese Schwäche allerdings und veränderten den Umgang mit dem Spruchschlüssel.

Rejewski untersuchte in abgehörten verschlüsselten deutschen Nachrichten, die ihm täglich vorgelegt wurden, Beziehungen zwischen den sechs Buchstaben des Spruchschlüssels, von denen er dann auf die Anfangseinstellung der ENIGMA schloss.

Bis Anfang der 1930er Jahre hatte ein gewisser Hans-Thilo Schmitt, Zivilist in der Chiffrierstelle der Reichswehr, mehrfach geheime, sehr detaillierte Informationen zur Konstruktion und Bedienung der ENIGMA an den französischen Nachrichtendienst verraten. Die Franzosen wiederum stellten diese Spionageergebnisse Rejewski zur Verfügung. Auf dieser Grundlage konnten die Polen genügend Rückschlüsse über die Verdrahtung der Walzen ziehen, so dass sie einen genauen und vollständigen Nachbau der deutschen Militär-ENIGMA anfertigen konnten. Scherzhaft, wegen ihres Tickens, vielleicht aber auch als Tarnbezeichnung nannte Rejewski seinen ENIGMA-Nachbau „Bomba" (= Bombe).

Der Besitz einer Kopie der militärischen ENIGMA bedeutete für Rejewski einen sehr großen Fortschritt. Aber dies alleine reichte nicht zur Entschlüsselung aus, solange man nicht auch die Grundeinstellung der ENIGMA kannte, die mit dem täglich wechselnden Schlüssel vorgegeben war. Die Ermittlung der Grundeinstellung jedoch schien aufgrund des großen Schlüsselraumes und der riesigen Zahl möglicher Schlüssel (= Grundeinstellungen) nahezu aussichtslos.

Die folgende anschauliche Beschreibung der Vorgehensweise Rejewkis ist sinngemäß dem Buch „Geheime Botschaften" von Simon Singh entnommen (2):

Ein deutscher Verschlüsseler ging bis ca. 1938 wie folgt vor: Er stellte seine ENIGMA zunächst gemäß des Tagesschlüssels[9] ein. Dann wählte er für jeden einzelnen Funkspruch jeweils einen sogenannten Spruchschlüssel aus drei beliebigen Buchstaben, z.B. ULJ. Diesen Spruchschlüssel tastete er dann zweimal hintereinander in die ENIGMA, um sicherzugehen, dass der Empfänger den Spruchschlüssel auch korrekt erhält, d.h. der Sender tippte ULJULJ in seine ENIGMA. Die Maschine verschlüsselte dies abhängig von ihrer Grundeinstellung (= Tagesschlüssel) vielleicht zu PEFNWZ. Anschließend stellte der Sender seine ENIGMA auf den von ihm gewählten Spruchschlüssel ein, in unserem Beispiel ULJ. Mit dieser neuen Einstellung verschlüsselte der Sender nun den gesamten Spruch.

Der Empfänger wiederum hat ebenfalls zuerst den Tagesschlüssel eingestellt – so wie der Sender. Nach Eingang der ersten sechs Zeichen PEFNWZ tippt er diese in die Tastatur seiner ENIGMA und erhält ULJULJ. Der Sender erkennt den zweimal getasteten Tagesschlüssel und stellt diesen auf seiner Maschine ein. Jetzt kann er den eigentlichen Geheimspruch eintippen und erhält den Klartext.

Die große Bedeutung des willkürlich gewählten Spruchschlüssels war folgende:

Der Spruchschlüssel wechselte, wie der Name schon sagt, mit jedem Spruch. Somit war sichergestellt, dass die vielen hundert Sprüche täglich, jeder davon mit einigen hundert Zeichen, alle mit unterschiedlichen Schlüsseln chiffriert wurden. Dieser ständige Schlüsselwechsel am selben Tag sollte zusätzliche Sicherheit bieten. Dagegen wurde der für alle Funkstellen gleiche Tagesschlüssel nur für Chiffrierung einer ganz kleinen Zahl von Zeichen benutzt, nämlich nur zur Verschlüsselung der jeweils 2 x 3 Buchstaben des Spruchschlüssels.

Rejewski kannte aus den Informationen des Verräters Hans-Thilo Schmitt das Verfahren der Wiederholung des Spruchschlüssels. Er wusste somit, dass jeweils der erste und vierte, der zweite und fünfte sowie der dritte und sechste Buchstabe dieser Spruchschlüsselgruppe jeweils unterschiedliche Verschlüsselungen desselben Klartextbuchstabens im unbekannten Spruchschlüssel waren. Die verschiedenen Verschlüsselungen kamen zustande, weil ja mit jedem Tastendruck sich eine Walze der ENIGMA um eine Position weiter drehte, so dass sich die Lage der Verdrahtungen zueinander ständig veränderte.

Rejewski erkannte also, dass die Verschlüsselung des Spruchschlüssels ein direktes Ergebnis der zu findenden Grundeinstellung war. Wurden nun an einem Tag mehre verschlüsselte Funksprüche von den Polen abgehört, notierten sie die Spruchschlüsselgruppen und verglichen jeweils den zusammengehörigen ersten und vierten, zweiten und fünften usw. Buchstaben, z.B.:

---

9 Der Tagesschlüssel aus dem Schlüsselbuch gab für jeden einzelnen Kalendertag allen ENIGMA-Bedienern genau die Grundeinstellung der ENIGMA vor, also Walzenlage, Walzenstellung, Ringstellung und Steckerbretteinstellung (vgl. 4.3.)

	1.	2.	3.	4.	5.	6.	Buchstabe
1. Funkspruch	L	O	K	R	G	M	
2. Funkspruch	M	V	T	X	Z	E	
3. Funkspruch	J	K	T	M	P	E	
4. Funkspruch	D	V	Y	P	Z	X	
usw.							

Anhand der oben dargestellten Beispiele konnte Rejewski für den jeweils ersten Buchstaben folgende Beziehung ablesen:

Ein Klartextbuchstabe, der verschlüsselt zunächst L ergeben hatte, wurde später als R verschlüsselt. Diese Beziehung zwischen L und R war nur abhängig von der Verdrahtung (bekannt) und vom Tagesschlüssel bzw. der Walzengrundstellung (unbekannt).

Rejewski schrieb für die Funksprüche eines Tages den Zusammenhang zwischen erstem und vierten Buchstaben auf. Aus den obigen Beispielen ergeben sich Verbindungen:

A	B	C	D	E	F	G	H	I	J	K	L	M	N	O	P	Q	R	S	T	U	V	W	X	Y	Z
			P						M		R	X							E						

Hatten die Polen an einem Tag eine ausreichend große Anzahl von Funksprüchen abgefangen, dann konnte Rejewski für diesen Tag die Tabelle gänzlich vervollständigen, z.B.:

A	B	C	D	E	F	G	H	I	J	K	L	M	N	O	P	Q	R	S	T	U	V	W	X	Y	Z
F	Q	H	P	L	W	O	G	B	M	V	R	X	U	Y	C	Z	I	T	E	J	E	A	S	D	K

Auf der Suche nach Gesetzmäßigkeiten fand Rejewski „Buchstabenketten", z.B. wird aus A ein F, aus F ein W, aus W wiederum A, womit die Kette endet:

A-F-W-A,   eine Kette mit drei Verknüpfungen (3)

Für den Buchstaben B ergibt sich folgende Kette:

B-Q-Z-K-V-E-L-R-I-B,   eine Kette mit neun Verknüpfungen (9)

Dies wurde für sämtliche Buchstaben wiederholt und lieferte eine für den jeweiligen Tagesschlüssel charakteristische Kombination aus Kettenlängen, wie der Autor Simon Singh es ausdrückt: den „Fingerabdruck" der jeweiligen Walzengrundstellung.

Rejewski und seine Kollegen stellten nun mit ihrer „Bombe" nacheinander sämtliche Walzenkombinationen ein und notierten für jede einzelne Einstellung nach dem oben beschriebenen Verfahren die Länge der Ketten aus der Verknüpfung der ersten und vierten, zweiten und fünften sowie dritten und sechsten Buchstaben.

Für die ENIGMA I mit drei Walzen sind dies immerhin

$$26^3 * 3! = 105.456 \text{ Einstellungen.}$$

Dies war sehr mühsam und dauerte ungefähr ein Jahr. Das Ergebnis war aber ein vollständiger Katalog sämtlicher möglicher „Fingerabdrücke" der ENIGMA.

Mittels dieses Kataloges gelang es dann sehr schnell, täglich nach Abfangen einer ausreichenden Anzahl verschlüsselter Funksprüche, die Walzeneinstellung des Tagesschlüssels zu bestimmen.

Eine weitere, sehr bedeutsame Entdeckung Rejewskis war, dass die Längen der Ketten ganz unabhängig von den Steckbrettverbindungen waren. Zwar änderten sich einzelne Buchstaben innerhalb der Kette bei Vertauschung durch Setzen eines Steckerkabels. Aber die Anzahl der Verknüpfungen in jeder Kette und damit ihre Länge blieb immer gleich.

Diese Entdeckung hatte zur Folge, dass Rejewski sich um die Kombinationen des Steckbretts zunächst nicht kümmern musste, sondern er konnte das Problem der Walzengrundstellung getrennt behandeln. Wie im Kapitel 4.3 beschrieben wurde, kommt aber die Masse der Kombinationen der ENIGMA durch das Steckerbrett zustande, z.B. für $n = 6$ Kabel sind das immerhin schon 100.391.791.500 Möglichkeiten! Demgegenüber befasste sich Rejewski „nur" noch mit den 105.456 Einstellungen der Walzen, also mit einem viel kleineren Problem.

Hatte er nun die richtige Walzenstellung des Tagesschlüssels gefunden, entfernte Rejewski erst einmal alle Kabel vom Steckerbrett. Jetzt untersuchte er die somit entschlüsselten Texte. Diese ergaben natürlich viele unsinnige Buchstabenkombinationen. Aber da Rejewski und sein Team wussten, dass die Texte auf deutsch verfasst waren, konnten sie meist schon durch Probieren auf die richtigen Buchstabenvertauschungen (= Kabelpositionen) kommen.

Rejewski war somit die vollständige Entschlüsselung des ENIGMA-Codes gelungen! Für eine gewisse Zeit konnten die Polen deutsche Sprüche nahezu vollständig dechiffrieren. Dies endete allerdings 1938 mit der Einführung zweier zusätzlicher Walzen, der Walzen IV und V, pro Gerät und der gleichzeitigen Erhöhung der Anzahl der Steckerkabel auf $n = 10$. Später änderte die deutsche Wehrmacht auch die sogenannte „Spruchschlüsselvereinbarung", d.h. die Vorgaben für Übermittlung des Spruchschlüssels vom Sender an den Empfänger.

Aber die entscheidenden Grundlagen für später Entschlüsselungserfolge der Alliierten hatte Rejewski trotzdem gelegt. Im Juli 1939 übergab er seine Forschungsergebnisse und die „Bombe" an die verblüfften französischen und britischen Kollegen. Nach Kriegsausbruch und dem Überfall der deutschen Wehrmacht und der sowjetischen Roten Armee auf Polen gelang es Rejewski, nach Großbritannien zu entkommen.

Ironie des Schicksals war es, dass Rejewski von der streng geheim gehaltenen britischen Verschlüsselungsarbeit, die ich im folgenden Kapitel vorstellen werde, dem Projekt „ULTRA", völlig ausgeschlossen blieb.

Er verbrachte den Krieg in England mit der Entschlüsselung unbedeutender Chiffren und erfuhr erst lange nach Kriegsende vom alliierten Projekt „ULTRA", für das er doch so wichtige Vorarbeit geleistet hatte. Marian Rejewski starb 1980 in Warschau.

6.2. Briten: Bletchley Park, Alan Turing und das Projekt „ULTRA"

Auf dem nördlich Londons gelegenen Landsitz Bletchley Park versammelten die Briten bei Kriegsbeginn unter großer Geheimhaltung ihre Mannschaft aus Kryptoanalytikern, darunter

Mathematiker, Historiker, Sprachwissenschaftler und sogar Schachspieler, mit dem Ziel der Entschlüsselung der deutschen Chiffres der ENIGMA sowie anderer Geheimschreibverfahren.

Bletchley Park wurde damit Sitz der „GOUVERNMENT CODE AND CYPHER SCHOOL"[10]

Abbildung 11: Bletchley Park, Sitz der GC&CS (11)

(GC&CS), 1919 hervorgegangen aus dem „Room 40" des ersten Weltkriegs und Vorgängerbehörde des heutigen für Informationsgewinnung durch Fernmeldeüberwachung und Internetaufklärung zuständigen britischen Nachrichtendienstes, des „GOUVERNMENT COMMUNICATIONS HEADQUARTERS" (GCHQ).

Führender Kopf unter den Kryptologen der GC&CS war der brillante junge Mathematiker Alan Turing. Turing hatte in Cambridge studiert, und er galt bereits vor dem Krieg als bedeutender theoretischer Mathematiker auf dem Gebiet der Logik. Er entwickelte u.a. das Gedankenmodell der „Universellen Turing Maschine" und forschte zu Fragen der künstlichen Intelligenz von Maschinen.

---

10 deutsch: „Staatliche Code- und Chiffrenschule"

Eine wesentliche Rolle bei Turings Ansätzen zur ENIGMA-Entschlüsselung spielten sogenannte „cribs", d.h. Anhaltspunkte für einen *vermuteten* Klartext. War ein Kryptologe etwa der Meinung, er habe es mit einer verschlüsselten Wettermeldung zu tun, konnte er sicher sein, dass im Meldungstext irgendwo das Wort „Wetter" enthalten war.

Mit zunehmender Erfahrung in der Entschlüsselung gewannen die Kryptologen um Turing auch immer mehr solcher Cribs, nach denen sie Ausschau hielten.

Beim Erraten der genauen Lage des Cribs im verschlüsselten Text half den Briten die Kenntnis, dass wegen der Umkehrwalze ja kein Buchstabe auf sich selbst abgebildete wird (vgl. 4.3.2.).

Ähnlich wie zuvor bereits die Polen ließ auch Turing zahlreiche „Bomben" bauen, die zeitgleich liefen, um so schnell wie möglich alle Walzenstellungen auszuprobieren – eine frühe Art der Erhöhung der Rechnerleistung, um somit frühzeitig den jeweils aktuellen Tagesschlüssel zu finden.

Später beteiligten sich auch amerikanische Kryptologen an der Arbeit zur ENIGMA. Diese konzentrierten sich auf die Entschlüsselung der besonders anspruchsvollen M4 der U-Boote. Trotz seiner großen Verdienste im Krieg nahm Turings Leben ein trauriges Ende. Im Jahr 1952, nach Bekanntwerden seiner homosexuellen Neigung – anders als heute war das damals ein Straftatbestand – war er als Geheimnisträger nicht mehr tragbar und galt als „Sicherheitsrisiko". Turing wurde von Forschungsarbeiten der Regierung ausgeschlossen. Es folgten ein Prozess und seine Verurteilung zu chemischer Kastration und Hormonbehandlung. Infolge dessen entwickelte er schwere Depressionen und beging 1954 Selbstmord.

Erst im Jahr 2009 rehabilitierte der damalige britische Premierminister Brown Alan Turing und würdigte dessen Leistung und Verdienste um den Sieg über Hitler-Deutschland.

7. DIE ENIGMA NACH 1945

7.1. Weitere Verwendungen

Zwar sahen die Vorschriften vor, dass in militärisch aussichtsloser Lage ENIGMA-Geräte ebenso wie Schlüsselbücher zu vernichten waren, damit sie nicht gegnerischen Soldaten in die Hände fallen; aber das gelang vor allem in den Wirren zum Kriegsende häufig nicht. Und so erbeuteten die siegreichen Alliierten nicht nur einige wenige M4 auf See von deutschen U-Booten sondern später an Land hunderte der Geräte von überrannten Truppenteilen und Stäben der Wehrmacht.

Einen Teil der erbeuteten, vermeintlich „sicheren" ENIGMA-Apparate verkauften die britische und die amerikanische Regierung an anderer Staaten, vor allem der Dritten Welt, wo sie häufig im diplomatischen Verkehr, also zwischen den jeweiligen Außenministerien und Botschaften eines Landes, noch jahrzehntelang verwendet wurden.

Manche Länder, wie die Schweiz, hatten aber auch ENIGMA-Apparate in Deutschland eingekauft. So hatten die Schweizer bis 1942 256 Stück ENIGMA K gekauft. Eine Weiterentwicklung der ENIGMA, die NEMA (Neue Maschine) benutzte die Schweiz bis in die 1970er Jahre.

Gleichzeitig hütete man weiterhin sehr streng das Geheimnis um ULTRA. Niemand auf der Welt durfte erfahren, dass es Briten und Amerikanern gelungen war, ENIGMA zu „knacken". ULTRA blieb lange eines der am besten gehüteten Geheimnisse des Krieges.

Das versetzte die Spionage der USA und Großbritanniens in die sehr vorteilhafte Lage, nun die verschlüsselten Nachrichten einer Vielzahl von Ländern heimlich mitlesen zu können, ohne das die etwas davon ahnten. Als ein Beispiel hierfür gelten die Verhandlungen im Jahr 1946 in Washington um in der Schweiz lagerndes Raubgold der Nazis. Man vermutet, dass die amerikanischen Gesprächspartner dank entschlüsselter ENIGMA-Sprüche wichtige Eckpfeiler der Schweizer Verhandlungsposition kannten. So wussten die USA vorab, dass die Schweiz bereit war, eine Zahlung von maximal 250 Millionen Franken zu leisten[11].

7.2. Das Geheimnis wird gelüftet

Erst im Jahr 1974 hob die britische Regierung die Geheimhaltung um ULTRA auf. Der Veröffentlichung des Buches „The Ultra Secret" von F. W. Winterbotham, eines früheren britischen Offiziers, der im Krieg für die Verteilung der ULTRA-Berichte zuständig gewesen war, folgten weitere Publikationen. Erstmals konnten die noch lebenden Mitarbeiter öffentlich über ihre Arbeit in Bletchley Park sprechen und die Anerkennung für ihre Leistungen genießen. Bis dahin hatten sie jahrzehntelang eisern geschwiegen und Stillschweigen über ihre Arbeit im Krieg bewahrt. Der britische Premierminister Churchill nannte die Mitarbeiter des GC&CS in Bletchley Park in Anspielung auf ihre wertvollen Ergebnisse und ihre Verschwiegenheit scherzhaft:

„Meine Gänse, die goldene Eier legen und niemals schnattern".

In Deutschland lösten die Veröffentlichungen über ULTRA bei Kriegsteilnehmern teils ungläubiges Erstaunen teils aber auch Bestürzung aus, Letzteres vor allem unter überlebenden U-Bootfahrern, denen nachträglich bewusst wurde, in welcher Gefahr sie alle geschwebt hatten, weil die deutsche Führung der ENIGMA anscheinend so blind vertraut hatte.

---

11 Thomas Maissen: „Wer verriet den Amerikanern die Zahl von 250 Millionen Franken?" In: Neue Zürcher Zeitung (NZZ) vom 1.4.1998 *(13)*

8. Fazit

Die Themen Kryptologie, Kryptoanalyse und Spionage sind auch heute mindestens genauso wichtig wie zu Zeiten der ENIGMA vor 70 Jahren.

Ohne verlässliche Verschlüsselungen wären heute Online-Banking oder Einkäufe über das Internet und viele andere Selbstverständlichkeiten des Alltags gar nicht möglich.

Sehr spannend fand ich, wie es mit viel systematischer Arbeit und Überlegung aber auch mit Glück gelang, die zunächst unlösbar scheinende ENIGMA-Verschlüsselung doch zu überwinden, in dem man ihre Schwachstellen suchte und dann geschickt ausnutzte.

Nachrichtendienste überwachen heute Internet und Telefon, um Informationen über geheime Absichten ausländischer Regierungen zu erhalten, und zunehmend auch zur Terrorabwehr.

Die Geschichte um die ENIGMA aber auch um die Zimmermann-Depesche macht deutlich, welchen hohen Stellenwert Spionage und insbesondere die Fernmeldeaufklärung und Kryptoanalyse für Briten und Amerikaner damals wie heute hatten und noch haben. Beide Male blieben diese Länder letztlich siegreich, woran die Kryptoanalyse einen sehr wichtigen Anteil hatte. Bis heute ist deswegen die Zusammenarbeit dieser beider Staaten auf dem Gebiet besonders eng. Spionage und Kryptoanalyse gelten dort gerade vor diesem Hintergrund heute allgemein als unverzichtbare Selbstverständlichkeiten.

In Deutschland dagegen sehen Kritiker staatliche Überwachung der Kommunikation vielfach mit Misstrauen. Sie haben Angst vor einer Totalüberwachung des Bürgers durch einen vermeintlich allwissenden und allmächtigen Staat, nicht zuletzt als Folge unserer Erfahrungen mit staatlicher Unterdrückung und Terror durch GESTAPO und STASI während der Nazi-Zeit und später in der DDR. Sie sehen sich in diesen Befürchtungen durch die Enthüllungen des US-amerikanischen Geheimnisverräters Snowden, eines ehemaligen NSA-Mitarbeiters, bestätigt.

Ich bin gespannt, wie diese Diskussion bei uns weiter verlaufen wird.

9. LITERATURVERZEICHNIS

Bücher

(1) Piekalkiewicz, Janusz: *„Weltgeschichte der Spionage"*, Komet, Auflage von 1993, Warschau, Polen 1993

(2) Singh, Simon: *„Geheime Botschaften, Die Kunst der Verschlüsselung von der Antike bis in die Zeit des Internets"*, dtv, 3. Auflage, München, Deutschland 2001

Internetfundstellen

(3) https://de.wikipedia.org/wiki/Enigma_%28Maschine%29

(4) http://www.ostfalia.de/cms/de/pws/seutter/kryptologie/enigma/Funktion/Funktion/funktion2.html

(5) http://www.mathematik.uni-kl.de/~pfister/VorlesungKrypto.pdf

(6) Markus Hufnagel: *„ENIGMA – Beschreibung, Kryptoanalyse, Angriffe Polnischer Kryptographen"*, Universität Paderborn, Sommersemester 2002 http://www-math.uni-paderborn.de/~aggathen/vorl/2002ss/sem/ausarbeitung/vortrag04_a_enigma.pdf

(7) Jennifer Wilcox: *„Solving the Enigma: History of the Cryptanalytic Bombe"*, Center for Cryptologic History, National Security Agency, Revised 2006 https://www.nsa.gov/about/_files/cryptologic_heritage/publications/wwii/solving_enigma.pdf

(8) https://de.wikipedia.org/wiki/Enigma_%28Maschine%29#Entzifferung

(9) https://upload.wikimedia.org/wikipedia/commons/thumb/5/53/Enigma_wiring_kleur.svg/708px-Enigma_wiring_kleur.svg.png)

(10) http://www.cdvandt.org/Enigma%20DE416219C1.pdf

(11) https://en.wikipedia.org/wiki/Marian_Rejewski

(12) https://de.wikipedia.org/wiki/Bletchley_Park#Government_Code_and_Cypher_School

(13) http://www.nzz.ch/article7SDJ4-1.504303

(14) https://de.wikipedia.org/wiki/Auguste_Kerckhoffs